JN194294

大空を舞い、木々に水辺に佇む

世界で一番美しい 鳥図鑑

The most beautiful photographs of Birds
edited by Marimo Suzuki

すずき莉萌 編著

ゴシキノジコ

Passerina ciris / Painted Bunting

スズメ目ショウジョウコウカンチョウ科ルリノジコ属
［北アメリカ、中央アメリカ］
全長14㎝

雄の頭部から頸部にかけては紫色を帯びた瑠璃色で、肩と翼は黄緑色、尾羽はモスグリーン、胸部から腰にかけて朱色をした虹色の鳥。雌は背面が緑色で腹部はオリーブがかった黄色をしている。高木の混じる低地の低木林、密生した草地などに生息。雄はおよそ3エーカーものテリトリーを有し、積極的に攻撃をしかけ、命がけで縄張りを守る。

アマサギ
Bubulcus ibis / Cattle Egret

ペリカン目サギ科アマサギ属
［アフリカ大陸、北アメリカ大陸、南アメリカ大陸、ユーラシア大陸南部、インドネシア、オーストラリア、ニュージーランド、フィリピン、マダガスカル、日本］
全長46-56㎝

昆虫やクモを主食とするが、他に魚類、両生類、小型爬虫類や甲殻類、時には大型草食獣の背に乗り、寄生する虫を捕食。サギの仲間のなかで最も生息数が多い。寒冷地の鳥は南に渡りを行う。本州・四国では夏鳥、九州では留鳥。

インドクジャク

Pavo cristatus / Indian Peafowl

キジ目キジ科クジャク属
[インド、スリランカ、ネパール南部、パキスタン東部、バングラデシュ西部]
全長90-230cm

落葉樹林や農耕地に生息。昆虫、節足動物、爬虫類、両生類、葉、果実、種子などを食べる雑食性。一夫多妻で雄は華やかな羽を広げ小刻みに震わせるようにして雌に求愛する。小さな群をつくり夜は樹上で休む。

ベニコンゴウインコ
Ara chloropterus / Green-winged Macaw

オウム目インコ科コンゴウインコ属
［中央アメリカ、南アメリカ北部］
全長90-95cm

赤色の体色で翼は緑色と青色の羽毛がある。コンゴウインコ属最大の種。寿命は50年以上。ナッツや果実に含まれる有害物質を、泥土を食べて解毒する。環境破壊とペット取引のための違法な捕獲によって著しく個体数が減少している。

メンフクロウ

Tyto alba / Barn Owl

フクロウ目メンフクロウ科メンフクロウ属

［北アメリカ、南アメリカ、ヨーロッパ、アフリカ、南アジア、東南アジア、オーストラリアなど］

全長35-40㎝

ハート型の白い顔盤で知られるフクロウ。分布域もフクロウのなかでは最も広い。英名にもあるように納屋などで営巣することがある。

c o n t e n t s

本文中の表記について
[] 内には主な生息分布を記した。
渡：繁殖地から越冬するために渡ってくる地域。
旅：繁殖地と越冬地を移動する途中で旅鳥として
日本に立ち寄ることを表す。

Perching on plants

留まる

鳥の趾は木の上に留まれるように、たいへん柔軟に動きます。
そして、ほとんどの鳥は低いところより高いところを好んで留まります。
そのほうがずっと見晴らしがよく、安全が確認しやすいからです。
カワセミの中には川辺に突き出た枝の中から、見晴らしが良く、
水の中の魚の様子まで確認できる、お気に入りの止まり木をそれぞれ持つ鳥もいます。
もし、一度でもカワセミがお気に入りの木の枝に留まっているところを見かけることができたら、
その場所で何度も彼らを目にすることができるかもしれません。

アオショウビン
Halcyon smyrnensis / White-throated Kingfisher

ブッポウソウ目カワセミ科ヤマショウビン属
[中近東から中国南部、東南アジア]
全長25-28cm

アオカワセミとも呼ばれる。アカショウビンと同じくらいの大きさで、翼や背面は美しい空色、喉は白く嘴と脚は赤い。森林から都市部まで生息域は広く、魚や水生昆虫の他、爬虫類や両生類を捕食するというカワセミの仲間にしては珍しい食性を持つ。日本には迷鳥として稀に飛来する。

カワセミ
Alcedo atthis / Common Kingfisher

ブッポウソウ目カワセミ科カワセミ属
［ヨーロッパ、西シベリア、アフリカ北部、インド、東南アジア、中国、モンゴル、朝鮮半島、日本］
全長 16-20㎝

美しい水色がかった青色の羽は、色素ではなく光の干渉によって青く見える。宝石の翡翠の名はカワセミに由来してつけられた。獲物をまる飲みし、消化できなかった骨などをペリットとして吐き出す習性がある。北部に生息する一部の鳥は越冬のため南に渡る。

ジョウビタキ

Phoenicurus auroreus / Daurian Redstart

スズメ目ヒタキ科ジョウビタキ属
[モンゴル、中国北部からウスリー地方、サハリン　渡インド北部、中国南部、日本]
全長15㎝

雄は頭部が銀白色で顔は黒色、腹部は赤茶色。雌は灰茶色。雌雄どちらも翼に白斑がある。人を恐れないので身近に見られる鳥だが、その大きさからスズメと間違われやすい。和名のヒタキは火打石を叩く音に似た鳴き声であることから。

ノビタキ

Saxicola torquatus / Siberian Stonechat

スズメ目ヒタキ科ノビタキ属
［ユーラシア大陸中部、西部、アフリカ大陸、日本　アフリカ大陸東部、アラビア半島、東南アジア、インド］
全長 13㎝

雄は頭部から翼にかけて黒色で腰や腹は白、胸に橙赤色の模様があり、雌は褐色で胸の橙色も薄い。一部、渡りを行う。日本には夏鳥として飛来し、本州中部以北で繁殖、西南日本では渡り期に見られる。俳句の世界では夏の季語として知られる。

マメハチドリ
Mellisuga helenae / Bee Hummingbird

アマツバメ目ハチドリ科マメハチドリ属
［キューバ］
全長4-6㎝

キューバ固有で鳥類世界最小の種。体重は2gと一円玉2枚分しかない。他の花蜜食の鳥とのバッティングを避け、小さな花の蜜を吸うのに適した大きさに進化したと考えられている。

p.20
カンムリカワセミ
Alcedo cristata / Malachite Kingfisher

ブッポウソウ目カワセミ科カワセミ属
［アフリカ大陸サハラ以南］
全長13-14㎝

日本のカワセミより一回り小さい小型のカワセミ。赤く長い嘴と頭部の美しい冠羽が特徴。小魚が主食で、淡水の湖沼や河川に生息する。

Flapping and flying
羽ばたく

鳥は翼を羽ばたかせることで揚力と推進力を得ます。
翼は大きいほど飛翔には有利ですが、大きな翼を操るには、それなりに大きな力が必要です。
そこで翼の大きな鳥は上昇気流と滑空を利用し、最小限の羽ばたきで飛翔します。
また、鳥たちは種類によってそれぞれに飛翔パターンが異なります。
例えばハトとカモの仲間は直線状にスピーディに飛び、
アマツバメやトビの仲間は、空中で狩りをするため、不規則な飛び方をします。
ホバリングできる鳥の仲間には、ハチドリ、カワセミ、チョウゲンボウなどがいます。
ハチドリは１秒間に50～80回もの羽ばたきを行い、空中で停止します。

エボシガラ
Baeolophus bicolor / Tufted Titmouse
スズメ目シジュウカラ科シジュウカラ属
［アメリカ東部、カナダ、メキシコ北東部］
全長17㎝
落葉広葉樹林や公園に生息し、よく他の鳥と混ざって採食している。貯食する性質をもつ。テキサス州やメキシコ北東部に住む亜種は黒い冠羽を有する。羽ばたくと脇の橙色の羽毛が目を引く。

アカミミインコ

Pyrilia haematotis / Brown-hooded Parrot

オウム目インコ科
［メキシコ南東部からグアテマラ東部、パナマ西部、コロンビア北西部］
全長 21-23㎝

低地にある湿度の高い常緑樹林に生息し、つがいか少数の群れで行動する。果物、種子、木の芽などを食す。赤色の耳羽が和名の由来となっている。

p.24

ノドアカハチドリ

Archilochus colubris / Ruby-throated Hummingbird

アマツバメ目ハチドリ科
［アメリカ東部、カナダ南部　(渡)アメリカ東南部、中央アメリカ］
全長 9cm

雄は喉に赤い模様がある。単独で行動し、抱卵、雛の世話は全て雌が行う。30種以上の花の蜜を採食する他に昆虫やクモなどを捕る。渡り鳥で長旅への蓄えとして、時には体重を2倍近く増やすことがあるという。

チャバライカル

Pheucticus melanocephalus / Black-headed Grosbeak

スズメ目ショウジョウコウカンチョウ科

［ 北アメリカ　渡 中央アメリカ ］

全長21㎝

英名の黒い頭、和名の茶色い腹が特徴的。冬になると中米に渡りを行う。樫の林、渓谷、川岸などに生息する。主な食べ物は種子だが、毒のある蛾を捕食することも。

上
アオガラ
Cyanistes caeruleus / Eurasian Blue Tit

スズメ目シジュウカラ科シジュウカラ属
［ヨーロッパ、北アフリカ、中東、中央アジア］
全長 10.5-12㎝

標高1000mまでの低山の広葉樹林および都市部の公園や住宅地に生息。雌が巣を作る。雛が孵ると親鳥たちは1日に千回もの給餌を協力し合って行う。一部、越冬のため渡りを行う鳥もいる。

下
フジノドハチドリ
Calliphlox mitchellii / Purple-throated Woodstar Hummingbird

アマツバメ目ハチドリ科
［コロンビア、エクアドル、パナマ、コスタリカ］
全長 7㎝

雄には光沢のある紫色の模様が喉にあるが、雌にはなく全体的に地味な色合いをしている。標高およそ2400mの熱帯湿潤林から雲霧林に生息し、花蜜の他、空中飛行によって昆虫も捕食する。

ライラックニシブッポウソウ

Coracias caudatus / Lilac-breasted Roller

ブッポウソウ目ブッポウソウ科ニシブッポウソウ属
［アフリカ大陸サハラ以南、アラビア半島］
全長 36-40㎝

14色にも及ぶカラフルな羽を持つ。アカシアの林や草原に生息。縄張りを持ち単独かペアで行動し、一部の鳥は渡りを行う。繁殖期に入ると雄は雌に対して空中でダンスを踊るように舞い、求愛行動を行う。

ミナミベニハチクイ
Merops nubicoides / Southern Carmine Bee-eater

ブッポウソウ目ハチクイ科ハチクイ属
［アフリカ大陸中南部］
全長28㎝

木に咲く花に集まるハチを主食としている。繁殖の時期のみ集団で群れをつくり、川の土手に1000以上の巣穴を開けることがある。草原火災が発生すると、火に驚いて飛び出す虫を狙って集まる。

コンゴウインコ
Ara macao / Scarlet Macaw

オウム目インコ科コンゴウインコ属
［中央アメリカ、南アメリカのサバンナ地方］
全長84-89㎝

湿潤な熱帯常緑樹林およびサバンナ林に生息する大型インコ。鳴き声は何ヘクタールも先まで届く。大きな翼で俊敏に空を舞う姿が美しい。ペットとしての乱獲と生息地の破壊により絶滅の危機に瀕している。ホンジュラスの国鳥。

Walking on the ground

歩く

鳥は空を飛んで移動するいきものと考えられがちですが、
地上を歩いて移動することも案外、多いものです。
外敵から身を守るために鳥は空を飛べるようになったといわれていますが、
飛ぶためには多くのエネルギーが必要です。
樹上性の鳥の多くは、ホッピングで枝と枝の間を行き来します。
中型から大型の鳥は歩くタイプが多いのですが、
ホッピングかウォーキングかは、鳥のサイズだけでなく、
その鳥がどのような環境に暮らしているかも大きく関わってきます。
チドリは「千鳥足」と呼ばれる酔っ払いのふらふらした歩き方をすることで知られますが、
それは雛のいる巣に外敵が近づいたとき、親鳥が自ら傷ついたふりをして敵の気をひきつけ、
雛から遠ざけるための迫真の演技なのだとか。

オオワシ
Haliaeetus pelagicus / Steller's Sea Eagle
タカ目タカ科オジロワシ属
［オホーツク海沿岸、カムチャッカ半島 渡カムチャッカ半島南部、朝鮮半島、日本］
全長 95cm
日本では一番大きな猛禽類で、流氷と一緒にやってくるといわれる。鋭い鉤爪で獲物を上から捕らえるだけでなく、浅瀬や氷の上を歩き、漁師が落とした魚を拾って食べることも。

上
カタアカチドリ
Elseyornis melanops / Black-fronted Dotterel

チドリ目チドリ科カタアカチドリ属
［ニュージーランド、オーストラリア］
全長16-18㎝

赤いアイリングと嘴が特徴的。オーストラリアのほぼ全域に分布している。主に淡水の湿地帯に生息し、柔らかい泥の上を歩き回り、表面を突いて無脊椎動物を捕食する。1950年代にニュージーランドから自己移入したといわれる。

下
ツクシガモ
Tadorna tadorna / Common Shelduck

カモ目カモ科ツクシガモ属
［ヨーロッパ中部沿岸、アジア中東部 渡ヨーロッパ南部、北アフリカ、インド北部、中国東部、朝鮮半島、日本］
全長58-67㎝

採餌は潮の引いた干潟で地面に嘴をつけ、そこに触れた甲殻類や貝類、藻類、魚類などを食す。日本には冬鳥として少数が渡来する。

p.34
アオアシカツオドリ
Sula nebouxii / Blue-footed Booby

カツオドリ目カツオドリ科カツオドリ属
［中央および南アメリカ大陸西岸］
全長76-84㎝

鮮やかな青い脚が特徴的。雄は求愛行動の際、脚を高く上げて雌の周りでステップを踏んで関心を引こうとする。食糧となる魚の乱獲が原因で、個体数が急激に減少している。

コチドリ
Charadrius dubius / Little Ringed Plover

チドリ目チドリ科チドリ属
[ユーラシア大陸南部、日本　冬アフリカ大陸中部、インド]
全長 14-17㎝

石の上を歩くコチドリの雛と親鳥。河原や水田、埋立地などに生息。ユスリカなどの小型昆虫や水生昆虫などを浅瀬でついばんでは歩き、またついばんでは歩きを繰り返すようにして食べる。九州以北では夏鳥、西日本より南では僅かだが越冬する個体も。

ケリ

Vanellus cinereus / Grey-headed Lapwing

チドリ目チドリ科タゲリ属
［モンゴル、中国北東部、日本　渡 東南アジア、中国南部］
全長34㎝

水田、畑、河原、干潟、草原などに生息する。警戒心がとても強く、その鳴き声からケリと名付けられたと言われている。日本には夏鳥として飛来し一部は越冬する。

トキ
Nipponia nippon / Japanese Crested Ibis

ペリカン目トキ科トキ属
［中国］
全長75㎝

湿地、水田などの泥中に嘴を差し込み、ドジョウ、サワガニ、カエル、水生昆虫などを捕食する。日本では人工繁殖したものを放鳥している。

Chirping and singing
さえずる

鳥には鳴管という二股に分かれる器官があります。
そこで発生させた声をトランペットのように振動させて、あの美しい歌声を奏でています。
鳥の鳴き声は大きくわけて２種類あります。
そのひとつは地鳴きといって、日常的に発する短く単調な鳴き声です。
これは同じ鳥同士の間で交わすサインとなっています。
もうひとつはさえずりといい、地鳴きに比べ長く複雑な鳴き声です。
このさえずりは、きれいな歌声を異性に聴かせるためだけのものではありません。
さえずりは縄張りの主張や自らが強いこと、健康であることを
周囲にアピールするための手段としても用いられています。

コヨシキリ
Acrocephalus bistrigiceps / Black-browed Reed Warbler

スズメ目ヨシキリ科ヨシキリ属
［中国東北部、ロシア極東域、朝鮮半島、日本　渡 中国南部、東南アジア］
全長 13.5㎝

低地から高原の湿地や草原に生息する。食性は動物食。昆虫類、節足動物などを草の上を歩き回って探し、捕食する。オオヨシキリよりも、か細く高い声でさえずる。日本には夏鳥として渡来。

ヤイロチョウ

Pitta nympha / Fairy Pitta

スズメ目ヤイロチョウ科ヤイロチョウ属
[中国、韓国、日本、台湾　渡 ボルネオ島]
全長 18㎝

色鮮やかで目を引く鳥だが、薄暗い森林に生息し姿を見せることは稀。ホヘンホヘンというよく通る口笛のようなさえずりが特徴的。日本には夏鳥として本州中部以南に飛来する。

上

オオジシギ

Gallinago hardwickii / Latham's Snipe

チドリ目シギ科タシギ属

［日本、ロシア　渡オーストラリア東部、タスマニア島、インドネシア］

全長27.5-31.5㎝

草原や湿原に生息。普段は単独行動だが、小さな群れで渡りを行うことも。雷シギとも呼ばれ、急降下しながら尾羽を振るわせて大きな音を出す「ディスプレイ・フライト」という飛び方をする。これによって縄張りの主張、威嚇、雌への求愛を行う。本州、北海道に夏鳥として飛来し、秋になると各地の水田や河川を旅鳥として通過してオーストラリア方面に渡る。

下

ノビタキ（p.19参照）

Saxicola torquatus / Siberian Stonechat

ソングポストと言われる定位置から、つがいの相手を求めてさえずる。

p.45

オガワコマドリ

Luscinia svecica / Bluethroat

スズメ目ヒタキ科サヨナキドリ属

［スカンジナビアからオホーツク海沿岸、カムチャッカ、アラスカ、スペイン西部、イラン、トルキスタン、ヒマラヤなど　渡アフリカ北部、インド、東南アジア、日本］

全長15㎝

雄の上胸部は青く橙色の斑模様が入る。冬羽になると喉の辺りに白みを帯びる。昆虫の幼虫を主食とする。日本には、数は少ないが冬鳥として渡来し、各地で記録がある。

ヒインコ

Eos bornea / Red Lory

オウム目ヒインコ科ヒインコ属
［インドネシア（モルッカ諸島、アンボン島、セパルア島）］
全長 31㎝

主食は花の蜜や柔らかい果実で、これらを食べるために特化した長い舌は、先端が細かいブラシ状となっており器用に動かすことができる。鳴き声は甲高く金属的。飼育下では言葉をよく覚える。

ニュージーランドミツスイ
Anthornis melanura / New Zealand Bellbird

スズメ目キミミミツスイ科
［ニュージーランド］
全長20cm

ニュージーランド固有の種で、花粉や種を運ぶ鳥として重要な役割を果たしている。花の蜜を吸うのに適したカーブした嘴と長めの尾羽が特徴。褐色の斑模様がある卵を産む。

p.49
サヨナキドリ（ナイチンゲール）
Luscinia megarhynchos / Common Nightingale

スズメ目ヒタキ科サヨナキドリ属
［ヨーロッパ中央部、アジア　渡アフリカ大陸サハラ以南］
全長16cm

森林や藪の中に生息する。和名のとおり夕暮れ後や夜明け前によく通る澄んだ声で鳴く。ヨーロッパで繁殖した鳥はアフリカ南部に渡り越冬する。

Relaxing 憩う in nature

池や川のほとり、あるいは強い日差しを避け、
木陰で鳥たちがのんびり過ごす姿は、
それを観る者にも、深いやすらぎや癒しをもたらしてくれるものです。
稲刈りが終わり、水を落とした秋の田圃は、旅鳥としてふらりとその地を訪れたシギたちが
羽を休めるかっこうのオアシスとなります。
また、静まり返った冬の池は、夏に北方で繁殖し、越冬のために飛来してくるカモたちを優しく迎えます。
淡水の湿地は旅をする鳥たちに対し、磁石のように作用し、
渡りを行う鳥たちに休息と食事の場を提供し、彼らの日々の生活を支えています。

トサカレンカク

Irediparra gallinacea / Comb-crested Jacana

チドリ目レンカク科トサカレンカク属
［ボルネオ島南部、フィリピン南部、スラウェシ島、モルッカ諸島、小スンダ列島、ニューギニア島、ニューブリテン島、オーストラリア北部および東部］
全長20-27㎝

熱帯地域の淡水湿地に浮かぶスイレンやホテイアオイなどの植物の上で生活し、それらの種子や水生昆虫を食す。一妻多夫制で雄が抱卵から育雛までを担当。時には雛を守るため翼の下に抱えて移動する。

ゴイサギ
Nycticorax nycticorax /
Black-crowned Night Heron

コウノトリ目サギ科ゴイサギ属
［オーストラリアを除く世界のほぼ全域］
全長58-65㎝

両生類、魚類、昆虫、クモ、甲殻類などを夜間、水辺を徘徊して捕食する。日が暮れてから、カラスのような声で鳴くことから夜烏と呼ぶ地域もある。

ツルシギ（写真左）
Tringa erythropus / Spotted Redshank

チドリ目シギ科クサシギ属
[ユーラシア大陸北部　渡ヨーロッパ南部、アフリカ中部、インド、東南アジア　旅日本]
全長 29-32㎝

雌は産卵を済ませると巣を出て、その後は雄が抱卵・育雛を行う。浅い水の中の砂泥地を歩き回り、時には泳いだりしながら、湿田やハス田で甲殻類や貝類、昆虫を食す。鶴のように端整な姿をしていることが和名の由来。

エリマキシギ（写真右）
Philomachus pugnax / Ruff

チドリ目シギ科エリマキシギ属
[ユーラシア大陸北部　渡アフリカ中東部、中東、インド、オーストラリア南部　旅日本]
全長 22-29cm

湖沼、溜池、水田、干潟など浅く水に浸かる場所に現れる。繁殖地では、湿地草原、河川、海岸などの沿岸の草原に生息する。雄は繁殖期になると首に襟巻きのような長い羽が生え、集団求愛場に集まり誇示行動をする。

セッカ
Cisticola juncidis / Zitting Cisticola

スズメ目セッカ科セッカ属
[サハラ沙漠を除くアフリカ大陸、中近東、ヨーロッパ南部、インド、東南アジア、中国南部、台湾、ニューギニア島南部、オーストラリア北部、日本]
全長 10-13㎝

河原や水田などイネ科の草原に主に生息。雄は求愛のために植物の葉をクモの糸でつなぎ合わせた巣を作る。寒い地方の鳥は南方へ移り越冬する。日本では本州以南に生息する留鳥だが、東北地方に生息する個体は冬になると暖かい地方に移動する。

アカハワイミツスイ

Himatione sanguinea / Apapane

スズメ目アトリ科アカハワイミツスイ属
［ハワイ諸島］
全長13㎝

絶滅が危惧されているハワイミツスイの仲間の中で最もよく見られる種。ハワイの固有種で山間部の森に生息し、花の蜜やクモなどの虫を探して活発に飛び回る。写真のように主に採食するオヒアレフアの花のそばで赤い体色は保護色となる。

ツメナガセキレイ

Motacilla flava / Yellow Wagtail

スズメ目セキレイ科ハクセキレイ属
[アフリカ北部、北アメリカ北西部、極地地方除くユーラシア大陸、日本　渡アフリカ大陸サハラ以南、ニューギニア島、南アジア、東南アジア]
全長16.5㎝

農耕地、湿原、草原に生息し、双翅類や昆虫、クモを主食とする。カラスや牛など他の動物の動きを利用した狩りも行う。日本では北海道で夏鳥として繁殖する。他地域には旅鳥として稀に渡来する。

オーストラリア ケアンズ編

探鳥記

人を恐れない身近な鳥、ヨコフリオウギヒタキ

オーストラリア北東部に位置するクイーンズランド州は、ケアンズやゴールドコースト、ブリスベンなど海辺の観光地が有名だが、今回の旅の目的は探鳥だ。オーストラリアには固有種を含む800種以上の鳥が生息している。他の大陸とは地理的に隔離されていて、そこに暮らすいきものは多様性に富んでいる。また、インコやオウム、フィンチなど日本人には馴染みの深い飼い鳥たちの故郷でもある。

彼らの野生での姿をカメラに収めたい——。ただそれだけの思いでガイドブックを読み漁った。自由旅行は綿密な計画が欠かせない。目的の鳥とその生息地に関する情報収集を行い、足を運べそうなところを慎重に選んだ。

野鳥との遭遇率を少しでもあげるためには、日の出と夕暮れの時間帯はカメラを構えていたい。利便性は落ちるができるだけ自然の中にある宿泊施設を探すことに。オフロードも想定し4WDのレンタカーを手配して現地へと向かった。

オーストラリアの交通事情

オーストラリアは治安が良く、道路もよく整備されているところが多い。それに、右ハンドル、左側通行も日本人ドライバーにとってはありがたい。山道でも80㎞制限と全体的に速度制限はゆるく、運転はやや荒めだが、アジア諸国に比べればマナーはよく走りやすい。そして文明の利器、カーナビゲーションの力を借りることで、土地勘が無い筆者のような旅行者でも南半球の貴重な熱帯雨林にアクセスすることが可能となる。

エスプラネード・ボードウォーク

待ちに待った出発の日——。クイーンズランド州北部の玄関口であるケアンズへは日本からたったの7時間。飛行機は暗闇のなか、到着した。厳密な検疫審査を受け、ケアンズの港に到着したのはまだ明け方だった。カフェに入り、パンケーキとカフェオレの朝食で目を覚ます。辺りが薄暗いなか、街のマーケットで軽く買い出しを終えると、先ほどまで海辺だったはずのところが、いつの間にか干潟となって目前に広がっていた。そこで早速、人気のベイエリア「エスプラネード・ボードウォーク」を歩いてみることに。

この海沿いの遊歩道は、鳥たちの生活環境を乱すことなく、至近距離から鳥を観察することができるため、探鳥スポットとしても知られている。

そこではアジサシやギンカモメが元気よく鳴き交わす声が響き渡り、コシグロペリカンたちは小さな群れの仲間たちと共に羽づくろいをしていた。思い思いに干潟で羽を休める鳥たち——。

潮が引いた遠浅の浜は、甲殻類や貝が豊富で、渡り鳥たちにとっては、貴重な中継地や越冬地となる。

ふと気づくと、つい先ほどまで干潟を歩いていたはずのズグロトサカゲリが、レモン色の鮮やかな肉垂をゆらしながら、目の前をゆっくりと通り過ぎていった。

この国に来るたびに思う。オーストラリアの鳥は人を怖がら

スプラネードは人にとっても鳥にとっても憩いの場

翼角（肩の辺り）に謎の爪があるズグロトサカゲリ

ナッツの皮をていねいに剥くキバタンたち。みんな左利き

ない――。餌台を置く家も多く、鳥との物理的な距離も近い。鳥たちの楽園に来たことを実感する。

フィッツロイ・アイランドリゾート

干潟での観察を終え、ケアンズ港から高速艇で約50分、フィッツロイ島へと向かう。この島は約6千年前に海水が上昇するまで本土とは陸続きだったらしい。グレートバリアリーフの上に浮かぶ、2億5千万年前の最古の熱帯雨林が手付かずで残る島。船のあまりに激しい揺れに、甲板にあがり海鳥を探す余裕はないまま島に到着した。

気を取り直し、早速カメラを首に下げ鳥を探す。ここにはたくさんのキバタンの亜種、北豪キバタンが生息している。彼らは日差しの強い日中は熱帯雨林に潜んでいる。仲間たち、そして朝陽と共に目覚め、朝一番に木の実が豊富なこの海岸へと降り立つ。日帰り客が帰り、静まり返った夕方にも、ねぐらに戻る前の食事をこの浜辺で行う。キバタンの豊かな生態を心ゆくまで観察することができるのは、この四つ星リゾートの宿泊客だけに与えられた特権かもしれない。

夜は早めにベッドに入り、早朝、日の出とともに海辺へと向かった。すると、たくさんのキバタンたちが山側の熱帯雨林からギャアギャアと騒々しく仲間と鳴き交わしながら、続々と海岸に集まってきた。砂浜に降り立ち、熟して地面に落ちたマカダミアナッツの実を趾で拾い、皮を器用に剥いて食べる。

そういえば、オウムのほとんどは私と同じ左利きのようだ。ちょっとした発見に妙な親近感を覚えながらシャッターを切る。

食事を充分にとったキバタンたちは、ツタやヤシの葉にぶら下がり、仲間とともに遊びはじめた。食糧に恵まれた地域に生息する、知能が高いオウムたちならではの行動といえるだろう。

実はこの島へ来るのは20年ぶりだった。オウムの寿命は70年近くと長い。とすると、目の前で無邪気に戯れるキバタンは、初対面ではないかもしれない。翌朝、オウムたちにさらに20年後の再会を誓い、島を後にした。

フィッツロイ島ではビーチと太古の熱帯雨林を一度に満喫できる

猫の声の主。肉食性の強い雑食のミミグロネコドリ

果実をついばむコウロコフウチョウの雌

チェンバーズ・ワイルドライフ・レインフォレストロッジズ

ケアンズの街に戻り、手配しておいたレンタカーに乗り込む。カーナビをセットし、コバルトブルーの海に別れを告げ内陸部に向けて走り出す。目的地はケアンズから南西に約50km、標高700mほどの高原、アサートンテーブルランド。大昔は火山地帯であったというその地は美しい景観が広がる自然の宝庫で、山脈や広々とした牧草地、雄大な滝や湖が点在する。宿泊先はイーチャム湖にほど近い、チェンバーズ・ワイルドライフ・レインフォレストロッジズだ。急な勾配やカーブが続く山道を細心の注意で走り続ける。

ロッジに到着すると、辺りは鬱蒼とした熱帯雨林に囲まれ、視界は木々によって遮られていた。近隣に民家や店はない。ここでは持ち込んだ食糧での自炊が基本となる。小雨が降り続く熱帯雨林は肌寒く、まだ昼過ぎだというのにすでに夕闇のような薄暗さが辺りを覆っていた。

ちょっとした緊張感が漂うなか、けたたましい鳴き声が林の中で不気味に響き渡った。ミミグロネコドリだ。かわいらしいルックスには不釣り合いな獣めいたさえずりは、一度聴いたら耳から離れない。目を凝らして慎重に周囲を見渡すと、瞳の大きな愛らしいモスグリーン色の鳥が、唸る猫のような声でさえずっていた。

このロッジにはカモノハシをはじめ、土地固有の動物が数多く生息している。宿のゲストが見学しやすいように、夜行動物の観察ポイントも用意されていた。夜の10時過ぎ。深い闇の中からフクロモモンガが現れて消えた。カメラを構え息をひそめる。吐く息は白く、寒さが身にしみる。

数時間、睡魔や寒さと戦っていると、音もなく数々の有袋類が観察ポイントに現れ、目が離せなくなった。キノボリカンガルー、フクロギツネにフクロネズミ、etc.……。

しかし、これ以上夜更かしするわけにはいかない。鳥を観察したいなら、早朝はまさにゴールデンタイム。続々と現れる有袋動物に後ろ髪を引かれつつ、漆黒の闇の中、懐中電灯を頼りにコテージへ戻り、眠りについた。

翌朝――。想像以上に賑やかな鳥たちの声に目を覚ます。夜の不気味さとは打って変わって、清澄な森の風景が目前に広がっていた。テラスにはキミミミツスイやコウロコフウチョウが来ている。やや離れた高い木の上にはキンショウジョウインコの姿もあった。

朝でも見通しのきかないジャングルの中。木々に遮られ、姿こそ見えないが、たくさんの鳥たちがこの森の中で暮らしていることが、そのさまざまな鳥のさえずりから感じられる。

鬱蒼とした熱帯雨林に生きる鳥たちが、特徴的な色をからだにまとう理由、また、からだに不釣り合いなほど大きな声で鳴き交わす理由が少しわかったような気がした。

楽鳥の仲間、コウロコフウチョウの雄

つがいで追うようについてくるキンショウジョウインコのペア

強い日差しを避けて憩うハゴロモインコ

アサートン高原

２泊３日、お世話になった親日家のロッジのオーナーにカタコトの英語で精いっぱいの賛辞と別れを告げ、山を下りる。アサートンの気候は複雑で、熱帯雨林もあれば、オーストラリアの内陸部らしい赤土の乾燥した大地も広がっている。

昼食のために立ち寄ったアサートンの街では、中央分離帯の街路樹にキバタンやゴシキセイガイインコらが、強い日差しを避けるように木陰で休息していた。たった１本のアカシアの大木に、さまざまな鳥たちが肩を寄せ合うようにして、譲り合いながらとまっている。まるで鳥のなる木のよう。

その時――。突然、音もなく１羽のハヤブサが現れ、街路樹で休む鳥の１羽に襲い掛かった。辺りは騒然とし、またたく間に100羽は超えるたくさんの鳥が飛び立ち、目の前から忽然と消えてしまった。国に手厚く保護されているオーストラリアの鳥たちもまた、食物連鎖に組み込まれる生態系の一部なのだ。

この一連の騒動を興味深く見届け、ドライブを再開した。街を抜け、どこまでも続くバナナやサトウキビの畑を通り抜け、ひたすら真っ直ぐな道を走る。アウトバックの乾いた赤土の大地がどこまでも続く。地平線が左右に広がり、まるで地球のど真ん中を走っているかのような錯覚を覚える。

途中、モモイロインコのペアを荒地で見つけた。そして夕暮れ時には収穫を終えたトウモロコシ畑でキバタンの大群に遭遇。群れのなかで鳥たちはそれぞれ互いにつながっていた。隣の仲間が飛び立てば、その１羽も飛び立ち、向きを変えれば他の鳥たちも自然と向きを変える。

自然がもたらす神秘的な鳥の群れの動きに息をのむ。白いはずのキバタンたちはアウトバックの赤土と夕日ですっかり桃色に染まっていた。

マリーバ高原

翌日の探鳥地はマリーバ高原。ケアンズから西に60㎞、内陸の平原地帯にある農村の町だ。他の地域よりさらに人も鳥も動物も、みんなのんびりとしている。

広いゴルフ場で野生のカンガルーの群れを見つけ、許可を得て撮影していると、なにやら上のほうから視線を感じる。目を凝らし見上げた先にいたのは、警戒心が強いといわれるハゴロモインコだった。華やかな黄緑色のボディは、木漏れ日の中では立派なカムフラージュ色となっていた。

ねぐらに向けて一斉に飛び立つキバタンの群れ

Preening feathers

羽をつくろう

空中での生活を支えている羽の手入れは、
鳥たちにとって欠かせない大切な仕事のひとつです。
およそ１年に一度、全ての羽が生え変わります。
鳥は自らの羽の基部を咥え、一枚一枚、
羽根の先端に向けて、ゆっくりとしごきます。
そうして羽毛をしなやかにし、
ごみや寄生虫などを体から取り除きます。
また、多くの鳥は、尾羽の付け根にある尾脂腺から分泌される
オイルを羽毛に塗り付け、羽の防水性を高めています。
つがいの相手がいる鳥は、
羽を互いにつくろい合うことによって、
自分では届かない所の羽の手入れをし、
ともに愛情を確かめ合います。

ルリコンゴウインコ
Ara ararauna / Blue-and-yellow Macaw, Blue-and-gold Macaw
オウム目インコ科コンゴウインコ属
［中米南部からボリビア、パラグアイおよびアルゼンチン北部］
全長 85㎝

鮮やかな瑠璃色の体色で体の内側は橙がかった黄色。顔は白色で黒色の縞模様が特徴的。季節ごとに食べ物を求めて移動する。犬のようによく馴れ、たいへん賢く飼い鳥としても人気が高い。

オオハクチョウ
Cygnus cygnus / Whooper Swan

カモ目カモ科ハクチョウ属
［ユーラシア大陸高緯度地方　渡ユーラシア大陸南部、中国、韓国、日本］
全長140-165㎝

長距離を飛翔する鳥としては最大級の大きさ。飛翔には助走を必要とする。羽づくろいで尾脂線から分泌される脂を羽に塗りつけて撥水性を持たせ、その効果で羽の間に空気を溜めることができ、浮き袋のような浮力を得ている。澄んだトランペットのような音の大きな鳴き声が英名の由来。

p.68 上、p.69
シロアジサシ
Gygis alba / White Tern

チドリ目カモメ科シロアジサシ属
［ 太平洋熱帯域、大西洋、インド洋 ］
全長25-30㎝

純白の羽と黒い瞳が優美なことから妖精のアジサシとも呼ばれる。外洋で生活し、繁殖期になるとコロニーを形成し、島の岩や太い枝の上に直に卵を1つ産んで育てる。夜にも水面で漁ができる大きな黒い目を有している。

p.68 下
コキンメフクロウ
Athene noctua / Little Owl

フクロウ目フクロウ科コキンメフクロウ属
［ ヨーロッパ、北アフリカ、アラビア半島、中国 ］
全長21-23㎝

ギリシャ神話で女神アテナの使いとされている。昆虫やミミズ、両生類、爬虫類、小哺乳類を食す。動きが俊敏でよく鳴き、昼間も活動する珍しい小型フクロウ。

ツバメ

Hirundo rustica / Barn Swallow

スズメ目ツバメ科ツバメ属
［北部を除くユーラシア大陸、アフリカ北部、北部を除く北アメリカ大陸、日本　渡 アフリカ南部、インド、東南アジア、ニューギニア島、南アメリカ］
全長15-18㎝

背部は藍黒色で喉と額が赤い。尾は二股に長く切れ込みが入っている。飛翔に有利な大きな翼を有し、地上に降りてくることは少ない。大きな嘴を開けて飛翔し虫を捕食する。日本には夏鳥として飛来する。

カワセミ（p.16 参照）
Alcedo atthis / Common Kingfisher
水から上がり入念に羽づくろいを行うカワセミ。空を飛ぶためにも、高い体温を保つためにも、常に羽毛の手入れは欠かせない。

Bathing in water

水浴びする

鳥の羽は細かな粉で覆われていて、そこにチリやホコリ、寄生虫などが付着します。
鳥はそれらの余分なものを水や砂を浴びることによって、定期的に落としています。
水の少ない地域に住む鳥たちは水浴びではなく砂浴びをします。
体をきれいにするだけでなく、水浴びや砂浴びをすることによって、心もリフレッシュされ、
ストレスの解消にもつながっているようです。
夏の暑い日には水辺で過ごし、水を飲み、さらに水浴びを行って体温の急な上昇を防いでいます。

セグロセキレイ
Motacilla grandis / Japanese Wagtail

スズメ目セキレイ科セキレイ属
［日本］
全長 20-22㎝

水辺を歩いて水中の水生昆虫をフライングキャッチで捕食する他、飛翔中の成虫を捕食する。日本固有種だが、ロシア、朝鮮半島、台湾、中国北部など日本周辺地域でも観察されている。

キヅタアメリカムシクイ

Setophaga coronata / Yellow-rumped Warbler

スズメ目アメリカムシクイ科ハゴロモムシクイ属
[アラスカ北部からアメリカ北東部、カナダ　渡アメリカ南部、メキシコ]
全長 12-14㎝

平地から山地の灌木林、草原などに生息。虫以外にもベリー類やヤマモモを好んで食す。日本では稀な迷鳥として神奈川県東部で観察された記録がある。

ズアカアメリカムシクイ

Vermivora ruficapilla / Nashville Warbler

スズメ目アメリカムシクイ科
[カナダ北部、アメリカ北東部から西部　渡南カリフォルニア、メキシコ、中米北部]
全長 11㎝

北米でよく見られるポピュラーな鳥の一種。主に昆虫を捕食するが、冬場にはベリー類からも栄養を補給する。

ルリノジコ

Passerina cyanea / Indigo Bunting

スズメ目ショウジョウコウカンチョウ科 ルリノジコ属
［北アメリカ南東部　渡パナマ、ジャマイカ、ベネズエラ］
全長 14㎝

藍のような濃い青色の体色が英名の由来。雛のうちに北極星の位置を学び、夜空の星を目印にして夜の間に渡りを行うといわれている。

コマツグミ
Turdus migratorius / American Robin

スズメ目ヒタキ科ツグミ属
[北アメリカ大陸、メキシコ、グアテマラ]
全長25-28cm

胸部はオレンジ色、頭部から翼にかけては灰色～黒色の体色。市街地から山岳地まで広く生息、一部渡りを行う。果実や昆虫を好んで食す。トルコブルーの美しい卵を産む。

マガモ
Anas platyrhynchos / Mallard
カモ目カモ科マガモ属
[ユーラシア大陸、北アメリカ大陸　渡 ユーラシア大陸南部、北アメリカ大陸南部、アフリカ大陸北部、東南アジア、日本]
全長 56-65㎝

繁殖期にだけ雄は黄色の嘴、緑色の頭部、翼に青い燦点を持つ。雌は橙と黒の嘴に全身が褐色。一部は日本で繁殖することもあるが、主に冬鳥として飛来する。

ヨーロッパコマドリ
Erithacus rubecula / European Robin
スズメ目ヒタキ科ヨーロッパコマドリ属
[ユーラシアから西シベリア、北アフリカ、中東]
全長 12.5-14㎝

冬の間は雄と雌が別々の縄張りを持ち、特に雄の攻撃性は強い。警戒心が薄く人にも恐れずに近付いてくることから人気があり古くから民謡や童話によく登場する。一部の寒冷地に生息する鳥は渡りを行う。

Flocking together
集う

ほとんどの鳥は大なり小なりの群れをつくり、
仲間と共に行動します。
集う数が多ければ、そこは安全な空間となり、
天敵に捕まるリスクを減らすことができます。
敵を用心しなくてはいけない時間が減る分、
食べ物を探す時間に多くを費やすこともできます。
また、同じ鳥同士で集まることで、
捕食者に一定の狙いを定めさせない、
体温調整のためのエネルギーを節約する
といったメリットもあります。
興味深いことに、基本的に鳥の群れには
リーダーは存在しません。
群れの中にリーダーを置かないことで、
危険をいち早く察知し、
機敏に行動して互いの命を守っています。

ケープシロカツオドリ
Morus capensis / Cape Gannet

ペリカン目カツオドリ科シロカツオドリ属
[西アフリカ、南部アフリカ、東アフリカの沿岸および海洋]
全長 85-90㎝

通年、海上で過ごすが繁殖期のみ2万5千羽にもおよぶ巨大なコロニーを形成する。魚を捕食する際は水中へミサイルのごとく真っ逆さまに飛び込む。つがいの絆は深く、20年以上行動をともにすると言われている。

コフラミンゴ

Phoenicopterus minor / Lesser Flamingo

フラミンゴ目フラミンゴ科フラミンゴ属
［東アフリカ地溝帯、南部アフリカ、パキスタン、インド北西部］
全長 80-90㎝

フラミンゴの仲間では最も体の小さい種。羽色は薄桃色がかった白色。強いアルカリ性の湖で育つスピルリナ（藍藻）が主食。フラミンゴミルクと呼ばれる赤い液体を雛に与えて育てる。

カッショクペリカン
Pelecanus occidentalis / Brown Pelican

ペリカン目ペリカン科ペリカン属
［北アメリカ大陸から南アメリカ大陸の太平洋、大西洋、カリブ海沿岸］
全長105-152㎝

海の上を群れで飛翔し、空中からダイブして狙った魚を捕獲する。雛は親の喉袋に嘴を突っ込み半消化した魚を食す。ペリカンの中では最も小型な種。

ゴシキセイガイインコ
Trichoglossus moluccanus / Rainbow Lorikeet

オウム目ヒインコ科セイガイインコ属
［南オーストラリア、タスマニア島、ニューギニア島、ソロモン諸島］
全長 26㎝

10羽前後の群れで生活し、食事は果物や花の蜜を中心に、昆虫なども食べる。鳴き声は甲高く大きい。高い木の洞で営巣する。

コガネメキシコインコ

Aratinga solstitialis / Sun Conure

オウム目インコ科クサビオインコ属
［ブラジル北西部、ガイアナ、ベネズエラ］
全長 30㎝

カラフルなクサビオインコ属の中でも、オレンジと黄色のコントラストが映える華やかな体色で飼い鳥としても人気が高い。美しさの代償か、乱獲が進み数が激減している。

Courting and mating

つがう

鳥のパートナーシップは鳥種、子育て期に必要な食餌の量、
個体数、繁殖の環境によって変化します。
ニシツノメドリは一度ペアになったら生涯を添い遂げますが、
ハチドリの仲間は交尾の間、ほんの数秒だけの関係性のみです。
雌は一羽で卵を産み育て、雄は全てにおいてノータッチ。
これがアホウドリやハクチョウ、オウムのように
大型で長寿命の鳥になると絆は深くなり、
さらに陸生の鳥より大型の海鳥のほうがその傾向は強くなります。
ただ、同じ大型鳥でも例外的に
フラミンゴはパートナーと別の道を歩む率が 99%。
夫婦のカタチはいろいろのようです。

スミレコンゴウインコ
Anodorhynchus hyacinthinus / Blue Macaw
オウム目インコ科スミレコンゴウインコ属
［ブラジル、ボリビア］
全長90-100cm
コバルトブルーの鮮やかな体色。飛べないフクロオウムに次いでオウム目の仲間で大きい種。ペアか小さな群れで暮らし、木の樹洞や壁の岩の隙間などで営巣する。嘴は頑丈で椰子の実を割って食べることも。つがいの絆は深く、生涯添い遂げる。

アカカザリフウチョウ

Paradisaea raggiana / Raggiana Bird-of-paradise

スズメ目フウチョウ科フウチョウ属
［パプアニューギニア］
全長 33-36㎝

雄の頭部は黄色で喉は緑色、繁殖期のみ橙色の飾り羽を有する。雌に飾り羽はなく首筋に淡い黄色があるのみで全身は茶色。パプアニューギニアの固有種で国鳥。一夫多妻制で雄は繁殖期に集団求愛場にて誇示行動を行い、巣作り・抱卵・育雛は雌が単独で行う。

ヨーロッパハチクイ
Merops apiaster / European Bee-eater

ブッポウソウ目ハチクイ科ハチクイ属
［南ヨーロッパ、北西アフリカから北インド、南アフリカ
渡 熱帯アフリカ、南アジア］
全長 24cm

虹のようにカラフルな体色で飛びながらハチなどの虫を捕らえ、枝にとまりハチの毒針を抜いて食す。パートナーが巣に戻ってくると興奮した鳴き声をあげ、尾羽を震わせ迎え入れる。

メジロ

Zosterops japonicus / Japanese White-eye

スズメ目メジロ科メジロ属
［日本、中国、韓国　渡 東南アジア］
全長 10-12㎝

花の蜜（特に梅）や果汁を好み、育雛期には虫も捕食する雑食性の鳥。群れの全体でひとかたまりとなり、枝に留まって眠る習性がある。

ヒメハチクイ

Merops pusillus / Little Bee-eater

ブッポウソウ目ハチクイ科
［アフリカ大陸サハラ以南］
全長 14-17㎝

ハチクイの仲間のなかでも小型の種。雌雄同型。藪のある開けた草原にある水辺を好む。ハチをはじめとする昆虫を主食とする。木の枝にハチを叩きつけて毒を叩き出す。

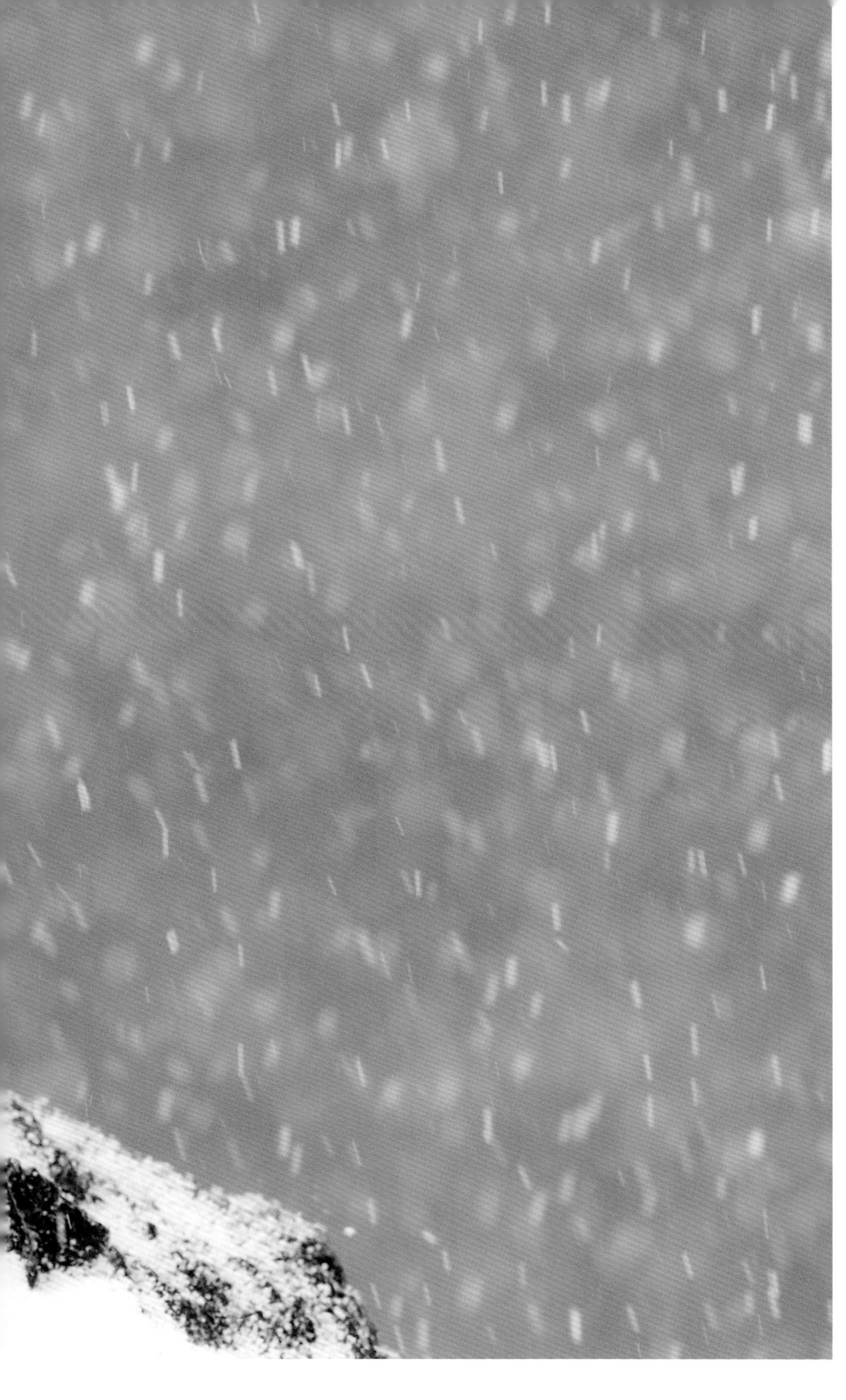

ニシツノメドリ
Fratercula arctica / Atlantic Puffin

チドリ目ウミスズメ科ツノメドリ属
［北アメリカ北東部、グリーンランド、イギリスなどの大西洋北部沿岸］
全長28-34㎝

嘴が太く一度に複数の小魚を嘴に咥えて運ぶ。水中を泳ぐことに適した小さな翼を有し、高速で羽ばたくことで空中での浮力を得ている。冬は沖合いや南に生息範囲を広げる。つがいの絆は深く生涯続く。

ベニコンゴウインコ（p.9 参照）
Ara chloropterus / Green-winged Macaw
一度ペアになったつがいは繁殖期だけの関係に終わらず、生涯、食べ物を分け合ったり互いに羽づくろいをしたりと仲睦まじく暮らす。

Performing courtship displays
求愛する

鳥の求愛行動は動物の行動の中でもたいへん興味深いものです。
雄の華やかな目立つ羽色を、あるいは複雑で手の込んださえずりを、
雌はペアの相手を選ぶ際の健康と生命力の指標とします。
数十万羽という巨大なコロニーを形成するシロカツオドリは、その狭い中で、
嘴を空に向け、親愛を示す求愛行動を行うことで知られます。
インコの仲間は雄が自ら食べたものを吐き戻し、
雌にプレゼントとして捧げることでプロポーズを行います。

ニシブッポウソウ
Coracias garrulus / European Roller

ブッポウソウ目ブッポウソウ科ニシブッポウソウ属
[ヨーロッパ、西アジア　渡アフリカ大陸サハラ以南]
全長 29-32㎝

サソリ、カエル、カブトムシ、トカゲを食す。大型の獲物は止まり木に打ち付けて丸飲みする。日当たりの良い乾燥した疎林に生息。ライラックニシブッポウソウに似ているが赤系統の色の羽はない。この写真では雄が雌に捕らえた虫をプレゼントし求愛給餌している。

シロカツオドリ

Morus bassanus / Northern Gannet

カツオドリ目カツオドリ科シロカツオドリ属
[大西洋北部沿岸　渡 アメリカ東部、西アフリカ]
全長87-100㎝

空中で矢のように体を垂直にし、高速で海に突入、潜水して魚を捕らえ水中で魚を飲み込む。大きなコロニーを作り集団繁殖をし、互いの嘴を打ち合う求愛儀式を行う。

キセキレイ
Motacilla cinerea / Grey Wagtail
スズメ目セキレイ科セキレイ属
[ユーラシア大陸、アフリカ大陸南部、アジア、日本]
全長17-20㎝

主に渓流などの水辺に棲息し、岩陰の昆虫やクモを主食とする。他のセキレイ類と同様に尾羽を上下に振って移動する。一部は南に渡り越冬する。写真は雌を求めさえずる雄たち。

コキンメフクロウ（p.69 参照）
Athene noctua / Little Owl
ペアで羽づくろいを楽しむコキンメフクロウ。

Sleeping peacefully 眠る

鳥の眠りは多種多様です。
一部の鳥は天敵から身を守るために、
半分の脳を交互に使い（半球睡眠）、
眠りにつきます。
例えばアホウドリやフクロウの仲間は、
右目を閉じている間は脳の左半球を休ませ、
左目を閉じている間は右半球の脳を休ませます。
眠りながらも目が覚めているという状態です。
ハチドリの眠りも特徴的です。
北の地域にとどまるハチドリたちは、
毎晩冬眠（仮死状態）に入り、
日中は 42℃の体温が 9℃まで
急下降することもあるといいます。
そうして代謝を低下させ、
備蓄エネルギーが底をつくことを防いでいます。
環境に適応するために、
鳥の睡眠はそれぞれの種によって
巧妙にプログラムされているようです。

コブハクチョウ
Cygnus olor / Mute Swan

カモ目カモ科ハクチョウ属
［ユーラシア大陸、北アメリカ北東部、南アメリカ、オーストラリア、ニュージーランド］
全長 150㎝

嘴の付け根にある黒いコブ状の裸出部が和名の由来。日本や北米、南米、ニュージーランド、オーストラリアに移入種として定着、繁殖地に留まる鳥と冬は小アジア、北アフリカ、中国東部、朝鮮半島に渡る鳥がいる。写真は親鳥の羽の中でまどろむコブハクチョウの雛２羽。

マユグロアホウドリ
Thalassarche melanophris / Black-browed Albatross

ミズナギドリ目アホウドリ科モリモーク属
［南大西洋、太平洋、インド洋の島々］
全長 80-96㎝

成鳥は白い頭部に黒いアイシャドーをつけたような眼をしていることがその名の由来。主食は魚類、イカ類、オキアミ類。毎年繁殖する。写真は泥を盛って作った巣の中で子育てをしているところ。

タンチョウ

Grus japonensis / Red-crowned Crane

ツル目ツル科ツル属
[モンゴル東部、ウスリー、中国東北部、日本　渡中国東部、朝鮮半島]
全長 102-147㎝

アシやスゲの生えた沼、湿原などに生息。冬は温帯な地域へ移動し、川や海岸の沼で越冬する。世界で最も背が高いツル。北海道東部、国後島では留鳥として分布。体温を逃さないよう、嘴を羽毛に差し込むようにして眠っている。

エゾフクロウ
Strix uralensis japonica / Hokkaido Ural Owl

フクロウ目フクロウ科フクロウ属
[ウラル山脈を含むユーラシア大陸の北部、日本]
全長48-52㎝

北半球に広く分布するフクロウの亜種の1種で北海道に留鳥として生息。森林、里山、湿地、牧草地、農耕地の他、大木のある寺院や公園に住み着くことも。夜行性のため日中は木に擬態し寝て過ごす。

アカビタイキクサインコ
Platycercus caledonicus / Green Rosella

オウム目インコ科ヒラオインコ属
［タスマニア島］
全長38㎝

タスマニア島に生息する固有種でインコの中ではやや大型の種。ナッツやフルーツ、昆虫などを食す。下向きにカーブした上嘴の先端と物を持つことができる器用な趾で木の実の皮を剥いて食べる。

Eating food
食す

鳥がいきいきと
生活するためには、
食糧が必要です。
鳥の多くは手に入れた食べ物を嘴に咥え、
安全な場所に身を置いてからその消化をはじめます。
そのため、なるべく小さくて高いエネルギーを持つものを選びとります。
飛翔を有利にするために、鳥たちは余った栄養を脂肪分として
哺乳類のように体に蓄えることはできません。
そこでコガラは秋になると１日に千個もの木の実を見つけて、
樹皮の間などに隠し、厳しい冬を迎えるための蓄えにします。
また、メジロのように花期に合わせて好物の花の蜜を追い求め、
南から北へと移動する鳥もいます。

ベニコンゴウインコ (p.9 参照)
Ara chloropterus / Green-winged Macaw
脂肪分の高い椰子の実は大型のコンゴウインコの仲間にとって貴重な栄養源となっている。

オナガアカボウシインコ

Psittacara erythrogenys / Red-masked Parakeet

オウム目インコ科 Psittacara 属
［エクアドル、ペルー北西部］
全長 29-33㎝

体色はほぼくすんだ黄緑色で、背面は濃く、腹部はやや淡い。小さい群れをつくり、花や木の実を採食する。棲息環境の悪化や違法捕獲により絶滅が危惧されている。

クルマサカオウム

Lophocroa leadbeateri / Major Mitchell's Cockatoo

オウム目オウム科オウム属
［ オーストラリア中央部 ］
全長 40㎝

体色は薄桃色で、翼の内側はピンク色。黄色と赤の縞模様のある冠羽を持つ。オーストラリア内陸部の乾燥地帯に生息し、世界一美しいオウムの異名を持つ。オウム類は枝をたわめ、実を引き寄せてから趾で実を保持して食べる。

ムラサキケンバネハチドリ
Campylopterus hemileucurus / Violet Sabrewing

アマツバメ目ハチドリ科
［メキシコ、コスタリカ、パナマ］
全長 13-15㎝

湿潤な森林や二次植生、農園などに生息。花蜜食で主にバナナの花から蜜をとることが多い。節足動物も食す。和名は雄の青紫色姿、「紫剣羽蜂鳥」に由来する。

メジロ（p.93 参照）
Zosterops japonicus / Japanese White-eye
体重が10gしかないため、枝の先の
花や木の実を採食しやすい。

ギンザンマシコ
Pinicola enucleator / Pine Grosbeak
スズメ目アトリ科ギンザンマシコ属
［ユーラシア大陸、北アメリカ大陸、日本］
全長20cm

高山帯や針葉樹林に生息。冬には標高の低い場所へ移動し、小さい群れをつくって行動する。日本では北海道のハイマツ帯で主に繁殖する留鳥、または冬鳥として飛来。写真の鳥は雪の積もったナナカマドの実を採食しているところ。

ウソ
Pyrrhula pyrrhula / Eurasian Bullfinch

スズメ目アトリ科ウソ属
[ユーラシア大陸亜寒帯、日本]
全長 15-16㎝

木の実を好んで食べるが冬から早春の間は花の蕾も採食する。和名は古語で口笛を意味する「うそ」に由来。日本では亜種が北海道および本州中部以北で繁殖し九州以北で越冬する。寒い所では写真のように羽毛を膨らませ暖かい空気の層を作って体温の低下を防ぐ。

Hunting for food 狩る

狩りの方法はさまざまです。
白いメンフクロウは、満月の夜になると、
白い腹部を獲物となるハタネズミの前で広げ、
月明かりをそこに反射させることで恐怖心を与え、
ハタネズミが一瞬、怯んだところにすかさず襲いかかり、
狩りを成功させます。
水中のハンターの異名を持つウミガラスの狩りも個性的です。
ペンギンによく似た彼らは、狩りの手法もペンギンに似ていて、
群れで狩りをします。海に一斉に潜水して、
水の中で両翼を羽ばたかせながら水中飛翔し、
魚を追いかけて狩りをします。
カワセミは木の枝から川の中の様子を観察し、
狙いを定めて一気に潜り魚などを捉えます。
その時、通常のまぶたとは別にある瞬膜が
ゴーグルのように目を覆い、狩りをより確実なものにします。

サンショクキムネオオハシ
Ramphastos sulfuratus / Keel-billed Toucan
キツツキ目オオハシ科オオハシ属
［メキシコ、コロンビア、ベネズエラ］
全長 46-51㎝
嘴が橙、赤、黄緑の3色で胸の羽は黄色であることが和名の由来。雑食性で果実や昆虫の他、爬虫類、鳥の卵なども食べる。軽く大きな嘴はフチが鋸刃のようになっていて獲物を正確に捕らえる。

メンフクロウ（p.11 参照）
Tyto alba / Barn Owl

獲物に飛びかかろうとするメンフクロウ。左右非対称の位置についた耳で音を立体的に捉え、獲物の正確な位置を把握する。

カワセミ（p.16 参照）
Alcedo atthis / Common Kingfisher
特定の魚に狙いを定め、垂直降下で水中に飛び込むカワセミ。

ムジルリツグミ（雄）
Sialia currucoides / Mountain Bluebird

スズメ目ツグミ科ルリツグミ属
［アメリカ西部、カナダ、アラスカ　渡アメリカ東南部、中央アメリカ］
全長17-21㎝

農地や開けた林に生息し、穴に巣を作って営巣する。無脊椎動物や昆虫、果実が主食。高所から地上にいる昆虫やクモに狙いを定め、飛びかかって仕留める。

ムジルリツグミ（雌）
Sialia currucoides / Mountain Bluebird

ニシツノメドリ（p.95 参照）
Fratercula arctica / Atlantic Puffin

海のオウムとも呼ばれるニシツノメドリは大きな嘴を有し、一度にたくさんの小魚を捕獲することができる。

ウミガラス
Uria aalge /
Common Murre, Common Guillemot

チドリ目ウミスズメ科ウミガラス属
［北太平洋、北大西洋、北極海に広く分布］
全長38-43㎝

ペンギンに似ているが空を飛ぶことができる。水中飛翔で翼を羽ばたかせて泳ぎ、数分間の潜水で魚やイカを捕まえる。崖の上に西洋梨型の卵を産む。その鳴き声から「オロロン鳥」と呼ばれることも。1年の大半を海で過ごし冬季になるとやや南下する。

オーストラリア ゴールドコースト編

探鳥記

カメラに全く動じないワライカワセミ

ゴールドコーストから内陸部へ

ゴールドコースト空港に降り立つ。予約していたはずの車種と異なるレンタカーをあてがわれ、しぶしぶ乗り込み出発する。今回の行き先はラミントン国立公園。ゴールドコーストから車で3時間弱の内陸部で、世界最古のシダ植物が生い茂るゴンドワナ多雨林群の中での探鳥となる。

途中、世界有数のリゾート地であるサーファーズパラダイスの街を横目に見ながら、ひたすら内陸部に向けて車を進めた。一般道でも時速80～100㎞の標識が立っている。国土が広いオーストラリアのこと、車の速度については日本より寛容なのかもしれない。

いよいよ本格的な山道となる手前のマウント・タンボリンの街で休憩を入れることにする。

教会のそばの児童公園にワライカワセミが1羽、枝に止まっている。日本の清流で見かける、あのカワセミとはだいぶ雰囲気が異なる。カメラを持ってジリジリと近づいても、怖がりもしなければ逃げもしない。その堂々とした佇まいには、もはや風格さえ感じる。それならばと遠慮なくじっくり観察させてもらう。しばらくするとその鳥はワハハハハハ……と豪快な笑い声を辺りに轟かせながらゆっくりと目の前を去っていった。といっても、この独特の鳴き声は別におかしくて笑っているわけではなく、縄張りの侵入者に対する警戒音といわれている。

足元では、カササギフエガラスの夫婦が地面を無心に突っついていた。休憩を終え、再び車に乗り込み、ラミントン国立公園に向けて走り出す。ごく稀にある信号で一時停車した際、不思議な光景を目の当たりにした。

ムシクイの仲間だろうか。小さな野鳥が車のサイドミラーめがけて飛び込んでくる。それだけでも驚きなのに、さらに鏡に映る自分の姿に激しくじゃれ始めた。車のサイドミラーに姿を映すことがこの可憐な小鳥にとって、ささやかな楽しみのひとつになっているのだろうか。オーストラリアの野鳥は人を怖がらない。さらに田舎の鳥は車すらも恐れないということなのか。しばらく走ると展望台があり、休憩がてら車を停めると、またもやサイドミラーに向かって小鳥がバタバタとホバリングしていた。小さな鏡の向こうに何が見えているのだろう（鏡の中の鳥に縄張りを主張していたのかもしれない）。

ドライブを再開する。いよいよ人影どころか車も見かけることがなくなり、見渡すかぎりの大自然の中、1本道を突き進む。山を登り、峠道は徐々に細くなる。街灯もない。ヘアピンカーブが続く悪路に車体はガタガタと揺れる。落石で崖崩れした岩肌に身がすくむが、道幅は狭く車を停められる場所もないので走り続けるしかない。そうでなくても暗い森の中。

とにかく日が暮れる前に到着しなくては……。目前に広がる標高1000mの絶景を楽しむ余裕はなくなっていた。

信号待ちの車のサイドミラーに飛び乗る小鳥

浮気性と悪名高いルリオーストラリアムシクイの雄

オライリーズ・レインフォレスト・リトリート

ブリスベンから車で1時間半、ゴールドコーストから車で3時間弱。スプリングブルック国立公園のそばにあり、共に世界・自然遺産に登録されたラミントン国立公園内のリゾート、オライリーズ・レインフォレスト・リトリートに到着。

ラミントン国立公園はオーストラリア国内最大規模の亜熱帯雨林で、その樹海が限りなく広がって見えることから、グリーン・マウンテンとも呼ばれている。ゴンドワナ多雨林群の一部で、270種以上もの希少な植物や動物が生息しているという。

ここではブッシュウォーキングを楽しみながら鳥を探すことができる。駐車場からレセプションに向かうとき、ダマヤブワラビーの親子が茂みのそばに3匹ほど横たわっていた。この施設では、野鳥に売店で購入したエサを決められた場所に限り与えることができる。エサを入れた皿に群がるアカクサインコたちにカメラを向けるが、怖がる様子はない。エサがなくなっても、興味本位なのか、肩や頭に乗ってくる。触れ合い動物園にでも来たかのようだ。それだけではない。部屋に戻っても、種々さまざまな野鳥たちがベランダに入れ代わり立ち代わりに訪れる。たまにエサを人から貰うことがあるとはいえ、どの鳥も全て野鳥たち。その陽気さやフレンドリーさには驚かされる。まさに鳥の楽園。はるばるこの地まで訪れた甲斐がある。

森に響き渡る美しい声の持ち主、ヒガシキバラヒタキ

餌づけコーナーに現れる野生のアカクサインコ

虹という英名（Raibow Bee-eater）がふさわしいハチクイ

モモイロインコ。見かける機会は少なくはないが逃げ足も速い

ヨコフリオウギビタキ。目の前の川にはカモノハシが生息

水中に獲物を見つけ川に飛び込む瞬間

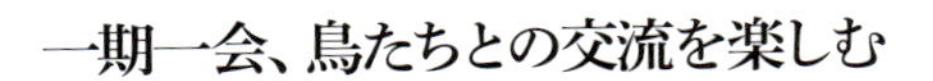

一期一会、鳥たちとの交流を楽しむ

このリゾートに滞在した3泊4日は、夜明けとともに起床し、カメラを携え森の中で鳥たちをひたすら待ち続けるという、実にフィールドワーカー的というか受け身な生活を送った。その甲斐もあってか、何羽かの野鳥たちと顔見知りになれたような気がしている。誰もいない薄暗い森の中で、１本の木になりきる。身動き一つせず、ただそこに無心で立ちすくむ。

すると、恐る恐るヒガシキバラヒタキなどの小鳥たちが肩や手に、ごく僅かな時間ではあるものの、留まるようになった。1羽の鳥が留まると、他の種の鳥たちも恐怖心が薄れるようで、次々にやって来るようになる。鳥たちからすれば、両腕を伸ばし案山子さながらに立ちすくむ地球の裏側から来た風変りな客をただからかっていただけかもしれない。それでも野鳥のほうから触れてくるという経験は鳥肌が立つほど感慨深いものだった。

時折、小雨が舞う熱帯雨林のなか時間を忘れ、太古の森と一体となり、鳥たちと穏やかで静かな時を共有した経験は、今もかけがえのない思い出となっている。

国立公園内のワインヤードを探索

４日間を過ごしたオライリーズ・レインフォレスト・リトリートをチェックアウトする。急カーブの続く山を下り、麓にあるオライリーズ カナングラ・ヴァレー・ヴィンヤード（O'Reilly's Canungra Valley Vineyards）で休憩を入れる。ここはオーストラリアでも人気のワイナリーで、ラミントン国立公園の広大な敷地の中に位置し、敷地内にはワインを楽しめるレストランやブドウ畑の他、アルパカ牧場もある。

庭園に流れる渓流にはカモノハシやカワセミが生息していて、充実した探鳥を楽しむことができた。ここでは憧れのシラオラケットカワセミの狩りを目撃することができた。ただ、その一連

賑やかな鳴き声で街中を飛び交うゴシキセイガイインコ

洞で子育て中の若いアカビタイムジオウムのペア

の行動はあまりにも早く、思うように撮影できなかったのは心残りではある。

モモイロインコもここにはたくさんいた。収穫を終えたブドウ畑に落ちているレーズンは冬の間、鳥たちにとって貴重な食糧なのかもしれない。天井しらずの澄んだ青空とそこに舞うモモイロインコたちの眩いばかりのピンク色のコントラストがすがすがしい。少し離れた小川のほとりでは、カモの夫婦が仲睦まじげに羽づくろいをしていた。

人里に暮らす野鳥たち
(ビッグ4・ゴールドコースト・ホリデーパーク)

ゴールドコーストに戻り、サーファーズパラダイスから車で15分ほどのところにあるビッグ4・ゴールドコースト・ホリデーパーク(BIG4 Gold Coast Holiday Park)に2泊、宿泊した。ここは32エーカーもある緑豊かな亜熱帯庭園内にあり、敷地には牧場や自然公園、釣りができる川も流れている上に湿地帯まである。

多くの客は家族連れでキャンピングカーやテントに宿泊し、長期のバカンスを楽しんでいるようだった。交通の便が良くないせいか、日本人の姿は見当たらない。

ここでも思わぬ鳥たちとの出会いがあった。そろそろ繁殖に向かうシーズンだからか、それとも夜のねぐらをかけた争いなのか。木の上でゴシキセイガイインコのペアがけたたましい鳴き声で飛び交い、洞の中にいた大きなアカビタイムジオウムのペアを追い出そうとけしかけていた。対するアカビタイムジオウムの夫婦は、ヒィヒィと甲高くか細い声で必死に抵抗している。まるで「それだけは勘弁してほしい」と懇願しているかのような悲痛な叫びに聞こえた。

さらに黄昏時になると、今度はギャアギャアというフクロウの不気味な地鳴きが園内のあちこちに轟きはじめた。闇の訪れとともに不穏な緊張感が森を覆いつくす。やがて大きな翼を翻しフクロウたちが音もなく暗闇の園内を猛スピードで飛び交いだした。それに続くようにして、日中の穏やかなさえずりとはまるで異なる、小鳥たちの断末魔のような叫び声が闇夜に響き渡る。昼行性の鳥たちが寝静まった夜間、巣の中にいる鳥や雛、卵が猛禽類に襲われているのかもしれない。

子育て中のフクロウは、一晩に15回近く、雛にエサを運ぶという。日本の場合、人里に暮らすフクロウの食糧はネズミやヤモリが多いが、ここでは小鳥たちもハンターであるフクロウにとって捕食の対象ということなのだろう。

広い敷地を有し自然を生かした園内とはいえ、一歩外に出れば周囲は4車線の公道に囲まれ、巨大なテーマパークが軒を連ねる観光地の一角である。人の生活を利用しながら、一方で生死をかけたドラマを繰り広げる鳥たちの姿に、容赦ない弱肉強食の世界を垣間見ることができた。

今回、クイーンズランド州に滞在した期間はおよそ2週間。オーストラリアの北の大自然に調和して生きる、数々の強く美しい野鳥たちとの出会いに感謝し、帰路へと向かった。

キバタン
Cacatua galerita / Sulphur-crested Cockatoo
オウム目オウム科オウム属
［ニューギニア島、オーストラリア］
全長50㎝
黄色の冠羽を有し、体色は白色のオウム。知能が高く人の声を真似るためペットとしても人気が高い。

Displaying Territoriality
争う

繁殖期になると、雄の鳥の多くは自分だけの陣地を持とうとし、
他の雄がそこに入ろうものなら必死になって追い払います。
自分だけの縄張りを守ることで、その土地にある食べ物やつがいのパートナーを
他の鳥に横取りされないようにしているのです。
縄張りの範囲はそこから得られる利益と縄張りを維持するために
要する労力のバランスで決定されます。
高い縄張り意識を持つことで知られるコガラは、繁殖期になると、
ペアで力を合わせて樹洞を掘り、縄張りを守ります。
また、なかにはハクセキレイのように、昼間は縄張りを巡り
けん制しあう仲であっても、
夜になると、群れの仲間として同じねぐらで共に眠りにつく鳥もいます。

ニジハチドリ

Aglaeactis cupripennis / Shining Sunbeam

アマツバメ目ハチドリ科
［コロンビア、エクアドル、ペルー］
全長12-13㎝

アンデス山脈のたいへん標高の高い地域に生息するハチドリ。花蜜を吸い小昆虫を捕食する。腰の部分にある虹色の羽が美しいことが英名の由来だが、警戒心が強く敵に後ろ姿を見せることはめったにない。攻撃性も高く、写真では縄張りからライバルを追い出そうとしている。冬には低地に移動し越冬する。

ベニコンゴウインコ（p.9 参照）
Ara chloropterus / Green-winged Macaw
縄張り意識が高く、テリトリーにライバルを寄せ付けまいとする習性を利用し、動物園では足輪なしで展示されていることも多い。

アメリカコガラ

Poecile atricapillus / Black-capped Chickadee

スズメ目シジュウカラ科シジュウカラ属
［北アメリカ大陸北部］
全長13㎝

広葉樹林や混合林に生息。夏の間は昆虫、秋や冬になると木の実を主食とし、日のある間じゅうたくさんのものを食べ続ける。米国に広く分布し、人をあまり怖がらず活発に活動することから人気がある。写真は熟したヒマワリのたくさんの種を巡り争っているところと思われる。

Raising their chicks

育てる

卵を産むいきものは、鳥の他には虫類や両生類、魚類などがいますが、
産んだ卵を温め、巣の中で孵化させて、
孵った雛を巣立ちまで世話する面倒見の良さは鳥ならではのものといえるでしょう。
なかには他の鳥の巣に卵を産み落とし、抱卵もエサやりも全て他の鳥に丸投げという、
カッコウのようなずる賢い鳥も存在するのですが。
スズメの親鳥は雛の孵化から巣立ちまでの約２週間でおよそ４千回も給餌します。
ツバメの親鳥は１日に多いときで300回も巣で待つ雛にエサを運びます。
鳥の子育ては親鳥にとってまさに命がけです。

シロアジサシ（p.69参照）
Gygis alba / White Tern
やがて純白の美しい姿に成長する雛を抱きかかえるシロアジサシの親鳥。

コマツグミ （p.77 参照）
Turdus migratorius / American Robin

雛に餌（昆虫）を運ぶ親鳥。通常、1年に2～3回、雛を育てる。

コマツグミの卵。トルコ石のように鮮やかな色を持つ。樹上で営巣することから空の色にカムフラージュしていると考えられている。

オオヨシキリ

Acrocephalus arundinaceus / Great Reed Warbler

スズメ目ヨシキリ科ヨシキリ属
[中国東部、ロシア極東域、朝鮮半島、日本　渡 インドシナ半島、マレー半島、インドネシア、フィリピン]
全長18.5㎝

ヨシの草原に飛来、繁殖し、東南アジア方面に渡り越冬する。ヨシを切り裂いて中にいる虫を捕食することが和名の由来と言われる。日本では夏鳥として河口域、河川、湖沼のアシ原に生息する。

ショウジョウコウカンチョウ
Cardinalis cardinalis / Northern Cardinal

スズメ目ショウジョウコウカンチョウ科
ショウジョウコウカンチョウ属
［北アメリカ大陸］
全長21㎝

疎林、低木地などに生息。学名、英名のカーディナルはカトリック用語の枢機卿（すうききょう：深紅の衣を纏っている）に由来。冬期には都市部の公園などでも見られる。写真は、雌のショウジョウコウカンチョウが、巣立ち前で親鳥より大きく育った雛に、食事を与えているところ。

キョクアジサシ
Sterna paradisaea / Arctic Tern

チドリ目カモメ科アジサシ属
[北極海、北極以南のヨーロッパ、北アメリカ、南極大陸]
全長33-36㎝

南極と北極の間を行き来する、最も長距離を移動する渡り鳥として知られる。雛が巣立ちを迎えると、南極まで4万km、時には8万kmにも及ぶ旅へと出発する。高さ10mほどの上空を飛びながら静止して、小魚や甲殻類を探し捕獲する。

ツバメ（p.70参照）
Hirundo rustica / Barn Swallow

アルビノの雛に食事を与える親鳥。白い個体は目立つため外敵に狙われやすい。

ペルーカツオドリ

Sula variegata / Peruvian Booby

カツオドリ目カツオドリ科カツオドリ属
［ペルーからチリ北部の南米太平洋岸］
全長71-76㎝

一年中繁殖が可能で青白い卵を産む。主に捕食しているカタクチイワシ類の乱獲によって、個体数が激減している。

Migrating
渡る

渡り鳥は毎年、同じ時期になると、
繁殖を行うための土地と越冬するための土地を行き来します。
渡りを行う鳥は、鳥全体の中で15%程度です。
ハイイロミズナギドリは、たいへん長い距離を渡ることで知られています。
彼らは距離にしておよそ6万5千kmの渡りをすることが最近、明らかとなりました。
その距離はなんと地球の1.5周分にも相当します。
渡り鳥の生態は、未だ数多くの謎に包まれているのですが、
ツバメは太陽の位置、ハトは地球の磁気から、ツグミなど夜に渡りを行う鳥は
北極星など星の位置などから
進むべき方角を知るのではないかと考えられています。

ハイイロミズナギドリ
Puffinus griseus / Sooty Shearwater

ミズナギドリ目ミズナギドリ科ミズナギドリ属
［ニュージーランド、オーストラリア大陸東南部、南アメリカ大陸南部　渡 ベーリング海、オホーツク海　旅日本］
全長40-51㎝

外洋で生活し、夕方や早朝に群れとなってサンマやイカ、オキアミなどを採餌する。社会性が高く成鳥も雛も鳴き声の違いを学習し、暗闇の中でも互いを見つけ出すことができる。日本には太平洋側に4～6月頃に出現する。

アオアシシギ

Tringa nebularia / Greenshank

チドリ目シギ科クサシギ属
[ユーラシア大陸北部　渡 アフリカ大陸中南部、インド、東南アジア、ニューギニア島、オーストラリア大陸　旅 日本]
全長 32-35cm

浅く水に浸かる泥地を歩きながら、甲殻類、水生昆虫、カエル、ミミズなどを捕食する。旅鳥として春から秋にかけて日本全国の干潟や河口、湿地に渡来する。沖縄では少数が越冬する。

ミユビシギ

Calidris alba / Sanderling

チドリ目シギ科オバシギ属
［ユーラシア大陸および北アメリカ大陸の環極地方　渡アフリカ南部、オーストラリア、東南アジア、南アメリカ　旅日本］
全長 20㎝

浜辺の波打ち際や干潟で見られ、チドリのように浜辺を走り回りながら貝や甲殻類、昆虫を捕食する。つがい形成の前に地上10〜20mでカエルのような声で鳴きながらフライトディスプレイを行う。

シュバシコウ
Ciconia ciconia / White Stork

コウノトリ目コウノトリ科コウノトリ属
［アフリカ、ヨーロッパ、南アジア　渡 アフリカ、パキスタン、インド］
全長100㎝

湿地帯や水田などに生息。高い建物や屋根の上で営巣し、ペアで抱卵、子育てをする習性から、ヨーロッパでは子宝や幸せを運んでくる鳥として古くから親しまれている。

アトリ
Fringilla montifringilla / Brambling

スズメ目アトリ科アトリ属
［スカンジナビアからカムチャッカ、サハリンにかけての亜寒帯　渡 北アフリカ、ヨーロッパ、アナトリア半島、中央アジア、ロシア、朝鮮半島、中国、日本］
全長16㎝

主に山麓の森林や農耕地に生息する。明るい間は小さな群れをつくって生活しているが、夜になると集団で休む。日本には冬鳥としてシベリア方面から渡来する。

ハマシギ
Calidris alpina / Dunlin

チドリ目シギ科オバシギ属
［ユーラシアから北アメリカ大陸にわたる北極圏 渡 地中海、アフリカ大陸、ペルシャ湾、インド、中国東部、北アメリカ大陸南部　旅 日本］
全長16-21cm

ねぐらへ向かうハマシギの群れ。群れの仲間と密に寄り添い合い、シンクロしながら向きを変えると、ひとつの大きないきもののように見える。日本には、旅鳥として全国各地に渡来する。

Epilogue

あとがき

昭和の飼い鳥ブームの最中に生まれたわたしは、物心ついた頃にはインコやカナリアが家にいて、当たり前のように今日まで鳥と共に暮らしてきました。
とはいえ野鳥には疎く、ドバトとキジバト、ウグイスとメジロの見分けもつかないような少女時代でもありました。
そのころの埼玉には空き地や林がまだ多く残っていて、今では見かけなくなってしまった鳥もたくさんいました。
例えばコゲラやアカゲラといったキツツキもいましたし、有刺鉄線に刺されたトカゲやネズミの無残な亡骸が小柄で可愛らしいモズの仕業と知ったときには衝撃を受けたものです。（モズのはやにえ（早贄）は寒い時期に向けての蓄えであることをずいぶん後になって知りました。）
また、台風の翌朝、濡れたアスファルトの上で巣から落ちたオナガの雛が力尽きているのを目にし、心を痛めたこともありました。
野生動物の中でも鳥はわたしたちにとっていちばん身近な存在です。
関心を持って辺りを見回してみると、今までハトかスズメだと思い込んでいた鳥たちの中に、そうではない鳥が多くいることに気づかされることでしょう。
日本にはたくさんの野鳥がいて、その数はおよそ600種、地球上にいる鳥にいたっては1万種以上といわれています。鳥は鳥同士、あるいは他の動植物たちと関わりを持ちながら、自然に生かされている大自然の一部でもあります。
鳥の魅力や面白さに気づかないままで過ごすのは、あまりにももったいないではありませんか。
愛らしくありふれた鳥の代名詞でもあるスズメは、塩大さじ1杯の重さしかないからだで、時には500㎞を超える距離を移動します。
また、毎年、軒下で雛を育てるツバメは春の風物詩ですが、実は2千km以上も離れたマレーシアやベトナムから太陽を目印にして渡ってきていることが明らかとなっています。
たいへん興味深いこれらの日本の野鳥たちの平均寿命はたったの1.5年。彼らは、自然保護の指標でもあります。
読者のみなさまとこの本との出会いが、野に生きる鳥たちとその背景に広がる大自然との小さな懸け橋になれば幸いです。

すずき莉萌

【参考文献】
◆バードライフ・インターナショナル 総監修、出田興生、丸武志 訳、山岸哲 日本語版総監修『世界鳥類大図鑑』2009年、ネコ・パブリッシング
◆デイヴィッド・バーニー 著、後藤真理子 訳、『世界の鳥たち 手のひらに広がる鳥たちの世界』（ネイチャーガイド・シリーズ）2015年、化学同人
◆五百澤日丸、山形則男 解説、山形則男、吉野俊幸、五百澤日丸 写真『山野の鳥』（新訂 日本の鳥550）2014年、文一総合出版
◆永井真人 著、茂田良光 監修『鳥くんの比べて識別！野鳥図鑑670』（第2版）2016年、文一総合出版
◆バーバラ・テーラー 著、山岸哲 監修『鳥』（ポケットペディア）1997年、紀伊國屋書店
◆杉坂学 監修『色と大きさでわかる野鳥観察図鑑 日本で見られる340種へのアプローチ』2002年、成美堂出版
◆ジョエル・サートレイ 写真、ノア・ストリッカー 文、川上和人 日本語版監修、藤井留美 訳『鳥の箱舟 絶滅から動物を守る撮影プロジェクト』2018年、日経BPマーケティング
◆P.J.B. スレイター 編、日高敏隆 監修『動物大百科　動物の行動』（動物大百科16）1987年、平凡社
◆中村登流、中村雅彦 著『原色日本野鳥生態図鑑 水鳥編』1995年、保育社
◆中村登流、中村雅彦 著『原色日本野鳥生態図鑑 陸鳥編』1995年、保育社
◆叶内拓哉 写真・解説、安部直哉 分布図・解説協力、上田秀雄 解説（鳴声）『新版 日本の野鳥』（山溪ハンディ図鑑7）2013年、山と溪谷社
◆上田恵介 監修、柚木修 指導・著、水谷高英ほか 画 『DVDつき 小学館の図鑑NEO〔新版〕鳥 恐竜の子孫たち』2015年、小学館
◆モーリーン・ランボーン 著、山岸哲 監修『ジョン・グールド世界の鳥 鳥図譜ベストコレクション』1994年、同朋舎出版
◆氏原巨雄、氏原道昭 著『決定版 日本のカモ識別図鑑 日本産カモの全羽衣をイラストと写真で詳述』2015年、誠文堂新光社
◆認定NPO法人バードリサーチ 編『バードリサーチ生態図鑑』2016年2月版、バードリサーチ
◆日本鳥学会 編『日本鳥類目録』（改訂第7版）2012年、日本鳥学会

【Webサイト】
◆国立研究開発法人国立環境研究所 侵入生物データベース
http://www.nies.go.jp/biodiversity/invasive/
◆National Geographic
https://www.nationalgeographic.com/
◆Handbook of the Birds of the World
https://www.hbw.com/

【写真】
特別協力：アマナ
一部（探鳥記）：すずき莉萌

すずき莉萌 *Marimo Suzuki*

心理士として小中学校で教育相談にあたる傍ら、たくさんの鳥を飼育し、時には野鳥の生息地に足を運び、鳥の魅力を執筆・講演活動などで伝えることをライフワークとしている。著書に「PERFECT PET OWNER'S GUIDES 大型インコ完全飼育」、「PERFECT PET OWNER'S GUIDES 中型インコ完全飼育」（以上、小社刊）など、多数。早稲田大学人間科学部卒業。ヤマザキ動物専門学校非常勤講師。

構成・編集・執筆―――――――――――――――― すずき莉萌
校正 ―――――――――――――――――――――――― 笠井理恵
ブックデザイン ―――――――――――――――――― 椎名麻美
プリンティング・ディレクション ―――――――― 中島康貴（図書印刷株式会社）

ネイチャー・ミュージアム
大空を舞い、木々に水辺に佇む
世界で一番美しい鳥図鑑

2019年11月7日 発 行　　NDC480
2024年2月5日 第3刷

編 著 者　すずき莉萌
発 行 者　小川雄一
発 行 所　株式会社 誠文堂新光社
〒113-0033 東京都文京区本郷3-3-11
電話 03-5800-5780
https://www.seibundo-shinkosha.net/
印刷・製本　図書印刷 株式会社

ISBN978-4-416-61989-6